굴리굴리 프렌즈와 함께하는

미로 찾기

김현(굴리굴리) 지음

한빛에듀

지은이 **김현**

친근하고 사랑스러운 캐릭터로 포털 사이트, 우유, 화장품, 호텔, 후원 단체 등 다양한 곳에서 협업 활동하며 대중적인 사랑을 받는 그림 작가이다. 학교에서 디자인을 공부하고, 그림 작가 굴리굴리(goolygooly)로 작품 활동을 시작했다. 두 아이의 아빠가 되면서 동심 가득한 그림책 작업에 몰두했으며, 2000년 한국출판미술대전에서 특별상을 받았다. 그린 책으로는 《내 사과, 누가 먹었지?》, 《찾아봐 찾아봐》, 《코〜자자, 코〜자》, 《꽃씨를 닮은 아가에게》, 《계절은 즐거워!》 등 유아 그림책과 컬러링북이 있다.

홈페이지 www.goolygooly.com

굴리굴리 프렌즈와 함께하는 미로 찾기

초판발행 2017년 6월 15일
4쇄발행 2021년 1월 15일
지은이 김현 **펴낸이** 김태헌
총괄 임규근 **책임편집** 전정아 **기획편집** 하민희 **진행** 강교리
디자인 천승훈
영업 문윤식, 조유미 **마케팅** 박상용, 손희정, 박수미 **제작** 박성우, 김정우
펴낸곳 한빛에듀 **주소** 서울시 서대문구 연희로2길 62 한빛미디어(주) 실용출판부
전화 02-336-7129 **팩스** 02-336-7124
등록 2015년 11월 24일 제2015-000351호 **ISBN** 978-89-6848-811-5 64410

이 책에 대한 의견이나 오탈자 및 잘못된 내용에 대한 수정 정보는 한빛에듀의 홈페이지나 아래 이메일로 알려주십시오. 잘못된 책은 구입하신 서점에서 교환해 드립니다. 책값은 뒤표지에 표시되어 있습니다.

한빛에듀 홈페이지 edu.hanbit.co.kr **이메일** edu@hanbit.co.kr

지금 하지 않으면 할 수 없는 일이 있습니다.
책으로 펴내고 싶은 아이디어나 원고를 메일(writer@hanbit.co.kr)로 보내주세요.
한빛미디어(주)는 여러분의 소중한 경험과 지식을 기다리고 있습니다.

사용연령 3세 이상 / **제조국** 대한민국
사용상 주의사항 책종이가 날카로우니 베이지 않도록 주의하세요.

굴리굴리 프렌즈와 함께
로켓을 타고 먼 길을 떠나요!

자동차를 타고 길을 굽이굽이 지나고,
용암이 부글부글 끓는 화산섬을 지나며,
폭풍우를 만나 바닷속에 풍덩,
잠수함을 탄 채 고래에게 먹히는 등
가는 길이 쉽지 않아요.

굴리굴리 프렌즈와 함께하는
미로 찾기를 시작해 볼까요?

만나서 반가워! 굴리굴리 프렌즈를 소개할게

4

루피

로이

포비는 호기심이
많아요. 배를 타고 모험을
떠나는 걸 좋아해요.

루피는 머나먼 별에서
여행을 왔어요.
눈이 노란색이지요.

친구들이 루피에게 깜짝 선물을 준비했어요.
루피의 손을 잡고 선물을 보러 가 볼까요?

오늘은 루피 생일이에요. 깜짝 선물은 케이크!
친구들이 준비한 케이크 길을 지나가 볼까요?

루피는 멀리 있는 가족이 보고 싶어 눈물이 났어요.
눈물 뚝 그치게, 반짝반짝 큰 별로 가는 길을 알려 주세요.

반짝반짝 큰 별에 가려면 로켓을 타야 해요.
친구들과 함께 로켓을 타러 가요.

뛰뛰빵빵 자동차를 타면 더 빨리 갈 수 있어요.
자동차 미로를 지나가 볼까요?

로켓이 있는 곳까지 가려면 마을을 지나야 해요.
자동차를 타고 마을로 가요.

루피는 오랜만에 만날 동생을 위해 선물을 준비하고 싶어요.
장난감 가게에 잠깐 들려 볼까요?

루피의 동생은 로봇을 좋아해요.
루피가 로봇을 사려면 어떤 길로 가야 할까요?

루피 동생에게 선물할 로봇이에요.
로봇 미로를 따라가 봐요.

로봇을 사느라 늦었어요. 친구들이 뛰기 시작해요.
루피도 서둘러 갈 수 있게 길을 찾아 주세요.

부우우웅~ 배의 출발을 알리는 소리가 들려요.
배에 빨리 올라타 친구들 곁으로 가요.

루피는 먼 길을 함께 해준 친구들에게
물고기 요리를 해주고 싶어요.
가장 큰 물고기를 잡아 볼까요?

루피가 친구들을 위해 물고기 요리를 만들었어요.
친구들과 함께 냠냠 맛있게 먹어요!

부글부글 용암이 끓는 화산섬이에요.
배가 지나갈 수 있게 길을 찾아 주세요.

24

우르르 쾅쾅 번개와 출렁출렁 높은 파도에
배가 가라앉으려고 해요.
잠수함으로 갈아탈 수 있게 길을 찾아 주세요.

수영을 잘하는 포비가 제일 먼저 잠수함으로 들어갔어요.
다른 친구들도 잠수함으로 들어갈 수 있게 도와주세요.

잠수함을 타고 바닷속을 내려가니
아름다운 물고기 세상이 펼쳐져 있어요.
알록달록한 물고기들 사이를 지나가 볼까요?

어디선가 고래가 나타났어요! 잠수함을 삼키려고 해요.
고래에게 잡아 먹히기 전에 얼른 달아나요.

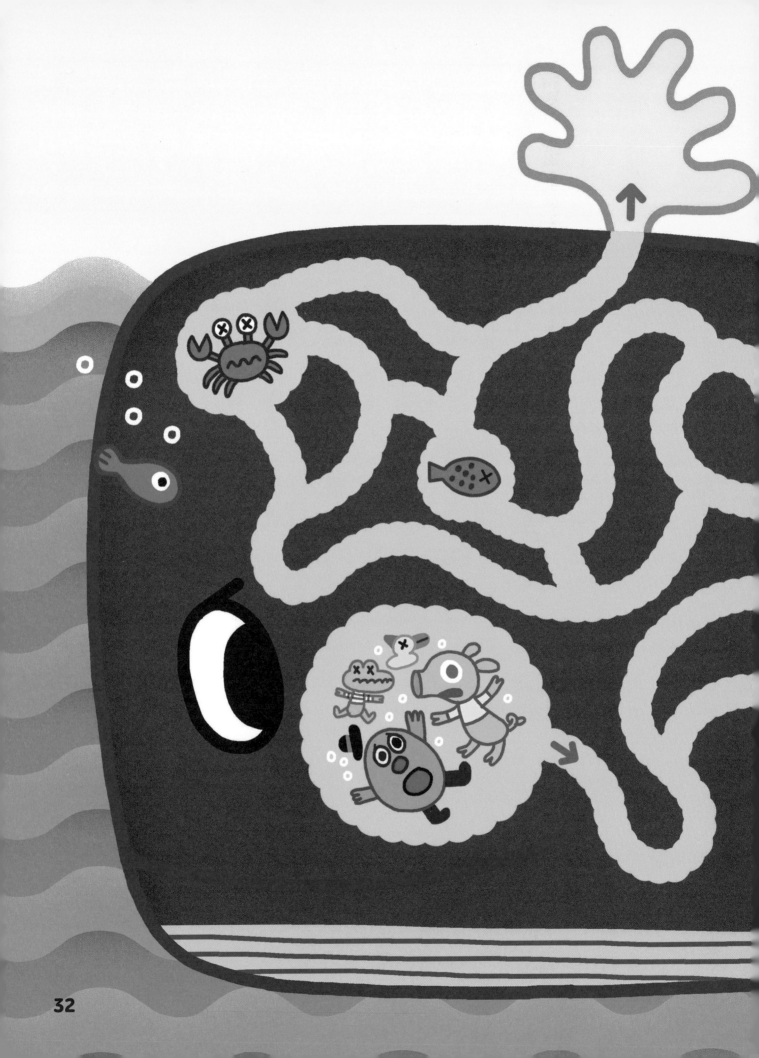

결국 친구들은 고래에게 잡아먹혔어요.
힘을 합해 고래 뱃속을 빠져나가요.

야호! 친구들이 고래 밖으로 탈출했어요.
어떻게 빠져나왔는지 물길을 따라가 볼까요?

저 멀리 섬이 보여요.
로이가 있는 섬으로 갈 수 있게 도와주세요.

섬에 헤엄쳐 왔더니
친구들 배에서 꼬르륵 소리가 나요.
포비를 따라 사과나무에 가 볼까요?

사과가 높은 곳에 달려 있어요.
루피가 사과를 딸 수 있게 도와주세요.

루피가 사과 하나를 땄어요. 다 같이 나눠 먹어요.
사과 길을 따라가 보세요.

우아! 드디어 로켓이 있는 곳을 찾았어요.
로켓으로 가려면 어떤 길로 가야 할까요?

로켓에 도착! 데이지는 벌써 탔어요.
루피도 로켓 안으로 들어갈 수 있게 길을 찾아 주세요.

자, 이제 루피 가족이 있는 반짝반짝 큰 별로 출발!
1부터 10까지 크게 읽으면서 지나가면 로켓이 발사돼요.

쿠르릉 팡~ 로켓이 하늘로 올라가요.
로켓이 날아오른 길을 따라가 보세요.

루피는 로켓을 운전할 줄 알아요.
반짝반짝 큰 별로 가는 길을 함께 찾아볼까요?

우주에 초롱초롱 빛나는 별들이 가득해요.
수많은 별을 구경하며 루피의 별까지 가 보세요.

드디어 도착! 루피는 가슴이 쿵쾅쿵쾅 뛰기 시작했어요.
마음을 가라앉히고 길을 찾아 조심조심 내려가요.

루피 가족과 친구들이 기다리고 있어요.
그들이 기다리는 곳으로 걸어가 볼까요?

루피는 기쁜 마음에 가족을 향해 달려갔어요.
가족을 어서 만날 수 있게 길을 찾아 주세요.

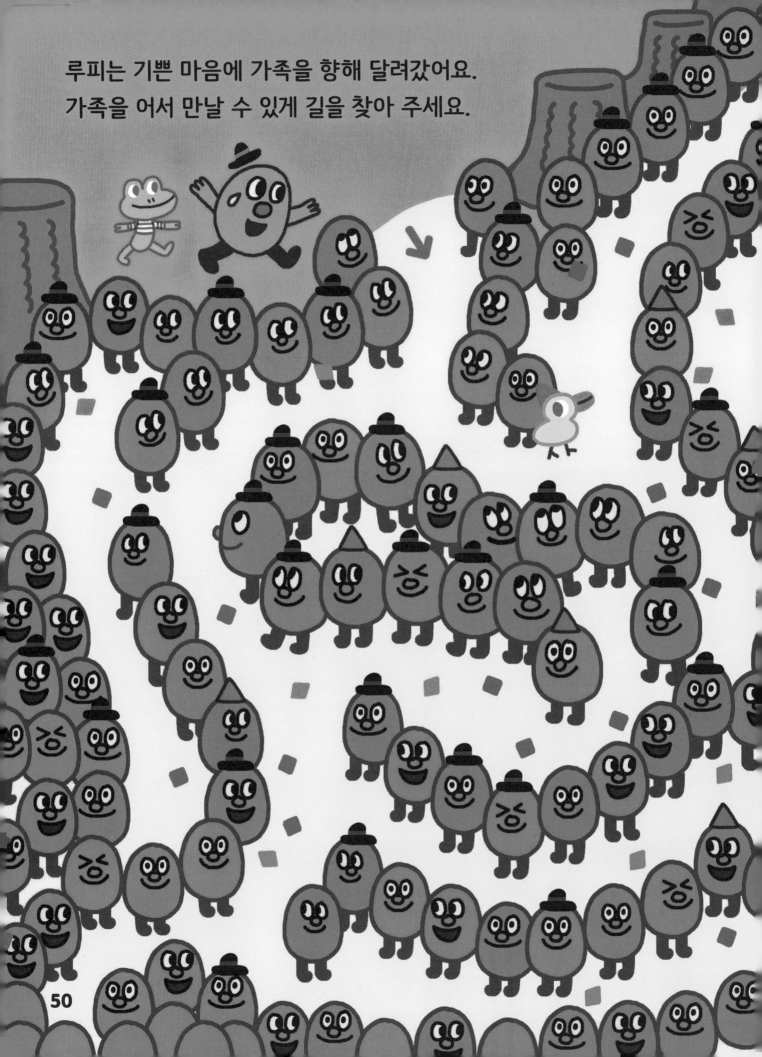

모두 모여 루피 생일을 축하해요.
루피는 하늘을 날듯이 기분이 좋아요.
빨간 풍선을 따라가 보세요.

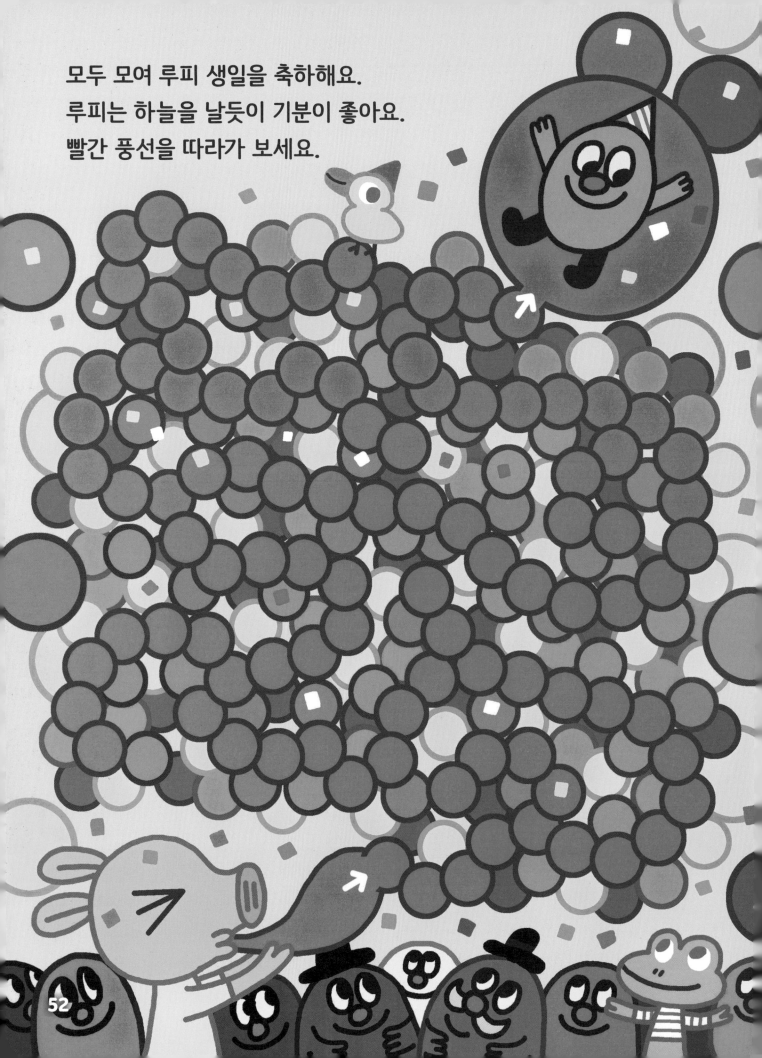

루피의 마음속은 사랑으로 가득 찼어요.
하트 미로를 지나가며 그 마음을 함께 느껴 보세요.

HAPPY RUFFY

● 6~7쪽

● 8~9쪽

● 10~11쪽

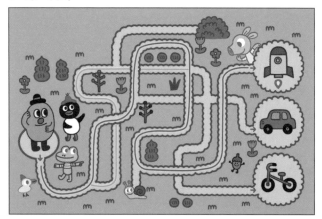

● 12~13쪽

● 14~15쪽

● 16~17쪽

● 18~19쪽

● 20~21쪽

● 22~23쪽

● 24~25쪽

● 26~27쪽

● 28~29쪽

● 30~31쪽

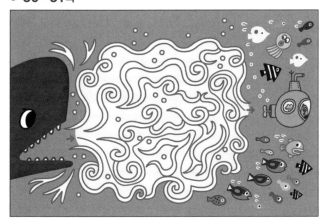

● 32~33쪽

● 34~35쪽

● 36~37쪽

● 38~39쪽

● 40~41쪽

● 42~43쪽

● 44~45쪽

● 46~47쪽

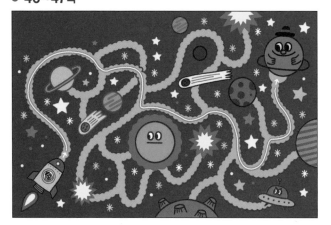

● 48~49쪽

● 50~51쪽

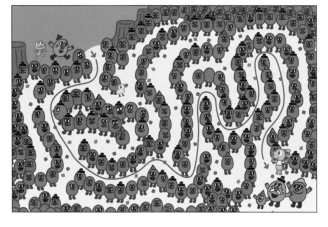

● 52~53쪽